方佩玲
居家黏土花艺

方佩玲 著

河南科学技术出版社

·郑州·

图书在版编目（CIP）数据

方佩玲居家黏土花艺 / 方佩玲著 . — 郑州 : 河南科学技术
出版社，2017.5

ISBN 978-7-5349-8676-5

Ⅰ.①方… Ⅱ.①方… Ⅲ.①人造花卉-手工艺品-制作
Ⅳ.① TS938.1

中国版本图书馆 CIP 数据核字 (2017) 第 063697 号

出版发行：河南科学技术出版社

地　　址：郑州市经五路 66 号　　邮编：450002

电　　话：（0371）65737028　65788613

网　　址：www.hnstp.cn

策划编辑：张　培

责任编辑：张　培

责任校对：马晓灿

整体设计：张　伟　杨红科

责任印制：张艳芳

印　　刷：河南省瑞光印务股份有限公司

经　　销：全国新华书店

幅面尺寸：210 mm×260 mm　　印张：8　　字数：150 千字

版　　次：2017 年 5 月第 1 版　　2017 年 5 月第 1 次印刷

定　　价：49.00 元

序

人性艺术的花朵
指尖上的捏塑艺术

　　我认识海的彼岸的方佩玲老师很多年了，岁月留香，云水禅心，她以坚守"匠心修行"、不断开拓创新的精神，奔走在祖国各地，示范、授课，"传道授业"，讲述捏塑艺术，这是人性艺术的花朵，唤醒人类心灵的春天。前几天方老师给我发来几幅捏塑新作，图中的花朵生机勃勃、娇艳欲滴，匠心独具的"海棠""幽兰""红梅""水仙"在我面前怒放，看到这些充满爱心、童心，能让人们在喧嚣纷扰的嘈杂声中静下心来的清新、优雅的作品，我被彼岸的这位女同胞深深折服了。她总结捏塑技艺具体实践与理论知识的专业新书，是为了让更多的人，从小朋友到老年人，都来学习、掌握这门独特的指尖上的艺术，让人们从中捏出欢乐，捏出自信，捏出童心，捏出精神，捏出幸福之花。

　　记得前几年我去台湾献艺时，有机会拜访了她的工作室。当时我被这位已做了奶奶的台北捏塑艺术家的心灵手巧、妙手匠心和奇思妙想所感动，事后我曾写了一首小诗：看到指尖的跳动 / 听到起伏的呼吸 / 她在彩塑的空灵中飞扬着激情 / 一个个鲜活的生命之花 / 在她手中绽放 / 这是一个台湾捏塑艺术家的心声……观看她的捏塑是一个美妙的心灵之旅，也是文化的熏陶，文明的洗礼，我久久难以忘怀她美妙的指尖技艺。这种自然风干的指尖艺术之花质地细腻柔韧，可塑性极强，色泽纯正，永不褪色，是方老师在吸收了中国传统"泥塑""面人"等技艺精华的基础上，结合现代元素，创新扩大"新内容""新亮点""新方法"后创作出来的。它既保持了中华民族的根，又传承了中华民族的文明，传承了匠心精神，创新了工艺技术，表现了审美理想精妙而雅致的形式。我的彼岸同胞方老师在创造和文化坚守上展现出中华民族的文明和智慧，为此我又一次以我雕刻玻璃的粗糙之手为她的新书作序。

吴子熊

2017 年 1 月 8 日

★吴子熊：中国著名工艺美术大师，创办台州吴子熊玻璃艺术馆。他的玻璃雕刻艺术是中国民族工艺美术之林的一朵奇葩。

前言

黏土的世界里
人人都是艺术家

　　30年了，我在黏土的世界里找到自己的领域，并将所学的手作融合在一起，发挥自己的想象力去创造生活的惊喜与快乐。黏土之所以好玩，就在于可以加入很多元素，如毛线、中国结、串珠、彩绘、拼贴、蝶谷巴特、布、蕾丝、软陶、翻糖等。而用双手捏出一朵朵生动又美丽的花，不仅可以享受手作的悠然乐趣，亦可用以装饰家居，打造美好氛围。黏土艺术不是昂贵的休闲娱乐，只要喜欢创作就能有专属于自己的作品，运用在生活周遭，如壁饰、礼物、纸巾盒、吊饰、首饰、盆景等，处处可见自己的巧思。

　　我在台湾已出版5本黏土工艺书，这次与河南科学技术出版社合作出版这本《方佩玲居家黏土花艺》，通过书中的作品、制作技巧、手法，不仅能与大陆手作爱好者共同分享、学习，更能促进两岸手作创意的文化交流。黏土手作在生活中能布置居室，让人享受慢生活的乐趣；在事业上能培训专业技能，创作、教学，更能通过小小的创作，实现人人都是艺术家的梦想。

方佩玲

2017年3月10日

目录

材料和工具

❖ 专用油彩

❖ 轻质土，红标土，特级红标土，绿土，绿标白土

❖ 常用铁丝型号由细到粗为：30号、28号、26号、24号、22号、20号、18号等。可根据花、叶、茎的大小选择

❖ 油土，各色纸胶带

❖ 透明压盘，尖嘴钳，专用钳

❖ 各种花蕊

❖ 大、中、小白棒，专用3支工具组，专用剪刀

❧ 专用油彩笔

❧ 专用叶模（用来压出叶脉纹理）

❧ 弯刀，大、小丸棒，7 本针（丸棒用来塑造花瓣和弧度）

❧ 14 支工具组

❧ 公文夹，圆滚棒

❧ 花朵切模

❧ 保鲜膜，专用胶，白色压克力颜料

搭配花草

搭配花草部分选取了8种常见的、方便制作又百搭的花草作介绍。它们较少单独使用，多作为辅助花材与其他花草搭配使用，起到装饰、点缀的作用。在做插花时，可与主花材相映成趣，令作品整体更有层次感。

葱的花

很多人不知道，葱的花也可以在学习花艺时作为搭配花材使用。

①取一根18号铁丝窝一个钩。

②取一块黏土搓成圆球形。

③铁丝蘸胶后插入黏土中。

④用剪刀在表面剪出尖。

⑤剪第二层时稍有错位。

⑥依形状剪。

⑦完成图。

常春藤

常春藤叶形美丽，四季常青。在希腊神话中，它代表着欢乐与活力，也象征着不朽与永恒的青春。在许多捧花中都有它美丽的身影。

取一块绿色黏土放在公文夹中间，擀薄。

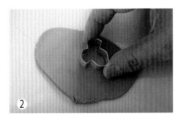

取出后放上叶子切模。

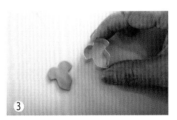

切出叶子形状。

将叶子放于公文夹中，边缘压薄。

放少许白色黏土做点缀（效果如图所示）。

用草莓叶模压出纹路。

压出纹路后的样子。

取一根 28 号或 26 号铁丝蘸胶后放于叶子上。

用手轻压背面固定。多做几个组合起来。

完成图。

满天星

满天星在插花中常被当作配角使用，既能衬托主角的鲜艳、华丽，又可以使整体层次丰富，立体感更强。但单独扎一束插瓶，也能烘托出随意、热闹的感觉。可以多做一些，尝试一下和各种花的搭配。

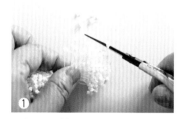

① 用剪刀将花蕊剪出所需长度。

② 取少许黏土搓成小圆球状。

③ 取一根 26 号铁丝，蘸胶固定。

④ 将花蕊蘸胶后固定于黏土上。

⑤ 完成图。

蓝莓的花

蓝莓的花为钟形，有白色、桃红色和红色等多种颜色，花芽一般生在枝条顶部，做造型时需要注意。

① 取一块黏土搓成胖水滴形。

② 用白棒挑开顶部。

③ 将黏土往外挑。

④ 挑出 5 个芽。

⑤ 将 26 号铁丝窝一个钩，蘸胶固定。

⑥ 用油彩笔蘸少许油彩上色。

⑦ 由尾部往前刷。

⑧ 完成图。

珍珠吊兰

珍珠吊兰是一种常见的多肉植物。因为它的叶子圆润饱满，成串垂下非常可爱，也有人叫它绿之铃、情人的眼泪、佛珠吊兰等，单独做一盆也非常清新、可爱。

取一块黏土搓成小水滴形。

取一根 28 号铁丝，蘸胶固定。

多做一些，待干备用。

用纸胶带缠绕组合。

组合出所需长度。

完成图。

串钱藤

串钱藤叶色终年翠绿，又名纽扣藤。不管是攀缘而上，还是随意地垂下都很养眼。
很适合做造型。

① 取一块黏土放在公文夹中擀薄。

② 用切模压出叶子形状。

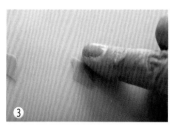
③ 将叶子放在公文夹中，边缘压薄。

④ 用草莓叶模压出纹路。

⑤ 取一根 28 号铁丝蘸胶固定。

⑥ 长度、数量自行决定。

⑦ 再用白色颜料做出效果。

⑧ 完成图。

幸运草

幸运草，顾名思义花语是幸运之草。一般有三片叶子，也有人叫它三叶草。据说找到有四片叶子的幸运草就能得到幸福。多做几枝搭配一下吧。

① 取 26 号铁丝 3 根。

② 用纸胶带组合。

③ 组合好的样子。

④ 将黏土放在公文夹中间，擀平。制作两片。

⑤ 将铁丝拧成三叉状。

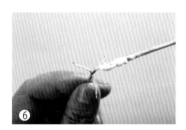

⑥ 将铁丝蘸胶。

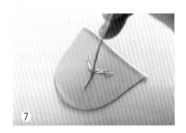

⑦ 将三叉铁丝平放于其中一片黏土上。

⑧ 另一片黏土上剪一个缺口。

⑨ 2 片黏土如图所示重叠。

⑩ 用白棒在重叠后的黏土上划出心形，做成叶片。

⑪ 叶子成型后的样子。

⑫ 将叶子放入公文夹中，压薄。

⑬ 取出后用白棒在叶片上压出线条。

⑭ 用油彩笔上色。

⑮ 再用白色油彩做出效果。

⑯ 完成图。

斑太蔺

斑太蔺是一种初秋花材，和水葱较像，上面有白色纹路。多用作插花的辅助花材。

取两色黏土分别搓成球状。

将黏土放于公文夹中间，擀平。

取一根 26 号铁丝蘸胶。

如图所示放在黏土中间后包裹住。

用手掌心搓成条状。

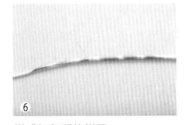
搓成细条后的样子。

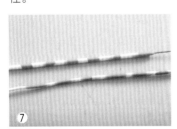
完成图。

实践篇

仙客来

仙客来花形别致，烂漫多姿，花期又适逢元旦、春节等节日，很适合做室内花卉装饰。花苞宛如含羞的少女，盛开时又如兔子的耳朵，因此又叫兔耳花。

在 22 号铁丝上粘上少许花蕊。

在黏土上蘸少许油彩。

然后搓成水滴形。

将圆棒插入尖端。

旋转后做出杯形。

用圆棒尾部将其调整成圆平状的杯形。

将步骤①中的铁丝插入杯形黏土中。

蘸胶固定。

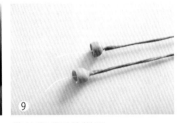

花芯完成后的样子。

在花芯部分的铁丝上抹胶。

然后用黏土包裹。

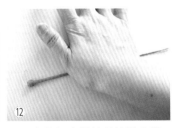

用手掌将包裹着铁丝的黏土搓匀。

另取一块黏土擀成片状,用切模压出花瓣形状。

将做好的花瓣放于公文夹中,边缘压薄。

取出后用白棒在上面划线。

⑯ 在花瓣上划出三条纹路。

⑰ 再取步骤⑫中的杯状花芯涂上胶水。

⑱ 将做好的花瓣粘上。

⑲ 花朵完成后的样子。

⑳ 用油彩笔给花朵上色。

㉑ 上色完成后的样子。

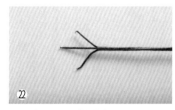
㉒ 取3根26号铁丝如图所示固定备用。

㉓ 叶柄包裹上黏土。

㉔ 另取一块黏土擀成片状，再将铁丝蘸胶后放在上面。

㉕ 取另一片黏土，盖在铁丝上。

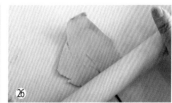
㉖ 用圆滚棒擀平。

㉗ 在上面用白棒划出心形。

㉘ 取出天竺葵叶模在上面压出纹路。

㉙ 用工具滚出波纹。

㉚ 最后给做好的叶子上色。

㉛ 用油彩笔做出自然的效果。

㉜ 将花朵和叶子组合在一起。完成图。

蟹爪兰

蟹爪兰的花期在隆冬时节，正逢圣诞节前后，因此西方人也称它圣诞花。它的叶子常绿，花朵张开反卷，似螃蟹的爪子。

用油彩笔给花蕊上色。

可选择你需要的颜色。

再将花蕊固定在 22 号铁丝上。

在铁丝上包裹黏土。

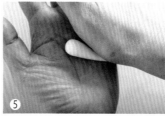

另取一块黏土搓成水滴状。

用剪刀将较粗一端剪开。

用剪刀将其五等分。

用圆棒将花瓣擀开。

用工具在中心挖出一定深度。

在中心处蘸胶，放大花朵，将花芯插入其中。

细心调整花形。

用剪刀剪掉尾部多余黏土。

同样操作，做出双层花瓣。

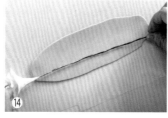

将铁丝放在另一片擀平的黏土上。

用黏土包覆好铁丝。

⑯ 用白棒在上面划出叶子形状。

⑰ 叶子边缘要压薄。

⑱ 另取一块黏土做出小水滴形当作花苞，用铁丝作为花茎固定。

⑲ 用黏土包裹花茎，按照步骤⑭~⑯做出叶子形状。

⑳ 叶子边缘同样压薄。

㉑ 用油彩笔给叶子上色。

㉒ 用油彩笔给花朵上色后，将做好的部分组合起来。

㉓ 完成图。

荷包花

荷包花因形似元宝，又称元宝花，是冬季和春季很受欢迎的室内装饰花朵。它花色艳丽，花形奇特，盛开时犹如无数个小荷包悬挂枝头，十分别致。家里做这么一盆，是不是也能讨个好彩头呢！

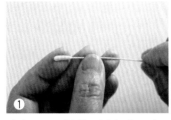

① 先在 24 号铁丝一端包裹一小截黏土。

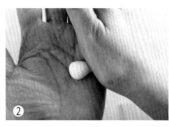

② 另取一块黏土搓成胖水滴形。

③ 用手指轻搓尖端。

④ 用圆棒在尖端挖出深度。

⑤ 调整出形状。

⑥ 将步骤①中的铁丝放入，蘸胶固定。

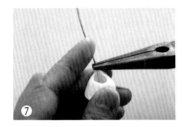

⑦ 用尖嘴钳将铁丝压出弧度。

⑧ 夹出凸出点。

⑨ 放入少许黏土，蘸胶，用工具固定。

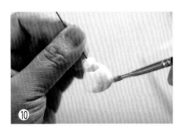

⑩ 在花的尾部用黄色油彩上色。

⑪ 再用油彩笔刷上红色。

⑫ 用牙签蘸黄色油彩点出斑点效果，即做出一朵花。

⑬ 取一根 26 号铁丝，蘸胶后放在另一片事先擀好的黏土上。

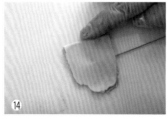

⑭ 将这片黏土对折，覆盖上铁丝。

⑮ 用白棒在上面划出叶子的形状。

⑯ 叶子完成后的样子。

⑰ 取出草莓叶模，在上面压出纹路。

⑱ 用圆棒滚边。

⑲ 给做好的叶子上色。

石斛兰花开六瓣，向外散开。花瓣边缘多为紫色，中心则为白色。它是父亲之花，有着秉性刚强、祥和可亲的气质。做一束送给最爱的他吧！

石斛兰

① 取一块黏土搓成细长形。

② 用圆棒的尾部压痕。

③ 压出弧度。

④ 再用弯刀刻出效果。

⑤ 用极细棒为其压出弧度。

⑥ 从尖端插入铁丝固定，做出花芯。

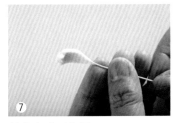

⑦ 花芯完成后的样子。

⑧ 另取一块黏土擀平，用切模压出花舌。

⑨ 将花舌的边缘压薄。

⑩ 再用叶模压出纹路。

⑪ 用极细棒卷曲花舌。

⑫ 将步骤⑦中的花芯抹上胶。

⑬ 将步骤⑪中做出的花舌套上。

⑭ 再用极细棒调整出弧度。

⑮ 另取一块黏土擀成片状，取一根铁丝包裹其中。

⑯ 再用切模压出花瓣形状。

⑰ 边缘压薄。

⑱ 用白棒在上面压出纹路，做出花瓣。

⑲ 再将花瓣组合好。

⑳ 另取一块黏土擀平，用花朵切模在上面压出石斛兰的花瓣。

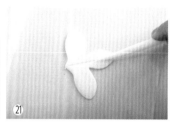
㉑ 再用白棒在上面压出纹路。

㉒ 两侧花瓣的纹路要微弯。

㉓ 在上面选一中心点。

㉔ 再将步骤⑭中做好的花舌插入。

㉕ 轻轻调整一下花的形状。

㉖ 调整后的样子。

㉗ 用红色油彩给花朵上色。

㉘ 花朵完成图。

㉙ 另取一块黏土搓成细长条状，另取一根铁丝包裹其中。

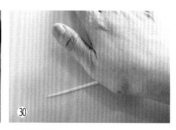
㉚ 搓出花茎。

③31

再取一块黏土搓成细水滴形。

③32

用指肚在较粗一端压出形状。

③33

用极细棒在上面压出线条。

③34

将步骤③中做出的花茎套入。

③35

再用圆棒调整形状，做出花苞。

③36

用绿色油彩给花苞上色。

③37

另取一块黏土擀成片状，取一根铁丝放上面。

③38

用白棒在上面划出叶子的形状。

③39

叶子形状完成后的样子。

④40

用绿色油彩给叶子上色。

④41

叶子上色完成后的样子。

圣诞玫瑰是 1 月 21 日和 1 月 25 日的生日花，花语为矛盾。它四季常绿，开花时正逢圣诞前后，故名。花多为白色，偶有粉色，很有清丽之美。

1 取一块黏土搓成水滴形，取一根 24 号或 22 号铁丝在较粗一端插入固定。

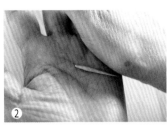

2 再取一块绿色黏土搓成细长条。

3 将细长条粘在步骤①中的水滴形上。

4 重复步骤②、③，再做 4 根，粘好。

5 用红色油彩上色，做出花芯。

6 另取一块黏土压成薄片状，做成细长形。

7 用剪刀在一端剪出一根根小条。

8 用圆棒微压，做出效果。

9 在步骤⑤中的花芯上涂上白胶。

10 将步骤⑧中做出的条状黏土粘在花芯上。

11 围一圈后的样子。

12 再用手指调整好弧度。

13 另取一块黏土擀成片状，取一根铁丝放在上面。

14 另一半折过来盖上去。

15 用圆滚棒将其擀薄。

用切模压出花瓣形状。

边缘压薄。

用白棒在上面划出纹路。

再用圆棒做出自然的弧度，就完成了一片花瓣。

同样的花瓣共做5片，然后用纸胶带固定。

另取一块黏土，擀成薄片状。取一根24号铁丝放在上面，另一半折过来盖住。

用圆滚棒擀平后，取白棒划出叶子的形状。

叶子边缘压薄后的样子。

用玫瑰叶模压出纹路。

用白棒在叶片上划出边缘的纹路。

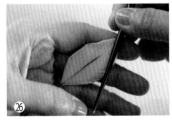

用圆棒擀边。

用红色油彩给步骤⑳中做出的花瓣边缘上色。

花芯边缘也轻轻上色。

花朵完成后的样子。

多做几小枝，组合成一大枝。

丽格海棠

丽格海棠叶色翠绿，花色多变，花形多样，花朵较大，瑰丽典雅，很适合观赏。它的花语是和蔼可亲，象征着慈祥的老人。

① 取一块黏土搓成小水滴形。

② 用剪刀在较粗的一端从中间剪开。

③ 用圆棒从中间擀开，完成 1 层花瓣。

④ 取一根 24 号铁丝，从下方插入。

⑤ 重复步骤①～④，再放入第 2 层花瓣。

⑥ 用白棒做出纹路。

⑦ 用圆棒压出自然的弧度。

⑧ 同样操作，完成 3 层花瓣后的样子。

⑨ 多做几朵。

⑩ 取 3 根 26 号铁丝，组合备用。

⑪ 用黏土包裹组合好的 3 根铁丝，做出叶子形状。

⑫ 用红色油彩为步骤⑨中做出的花朵上色。

⑬ 再用绿色油彩为步骤⑪中做出的叶子上色。

⑭ 组合后的样子。

小苍兰的花色多样，香气浓郁，很适合做盆栽或者切花。它给人的感觉是纯洁、清香，令人观之忘俗，心情舒畅。制作一束小苍兰装饰家里的客厅和书桌吧！

小苍兰

用黄色油彩为花蕊上色。

将花蕊的根用 26 号铁丝固定。

取一块黏土搓成长水滴形。

在较粗的一端用剪刀剪成六等份。

用圆棒擀开做出花瓣。

继续擀出形状。

用弯刀在花瓣上刻出纹路。

调整花朵的形状。

用圆棒挖出花芯的深度。

将步骤②中做好的花蕊从上面插入花朵中。

用弯刀修饰一下纹路。

取一块黏土搓出小水滴形，用剪刀在较粗的一端从中间剪开，做成花托。

用圆棒从中间擀开。

压出所需要的厚度。

花托套在步骤⑪中做好的花朵下。

16 另取一块黏土搓成小水滴形，从较细一端插入一根 26 号铁丝，做出花苞。

17 用弯刀刻出纹路。

18 按步骤⑫～⑭做出花托后，从花苞下方套入。可多做几个大小不一的带花托的花苞。

19 用纸胶带组合多个带花托的花苞和花朵。

20 组合至所需长度，做出花茎。

21 用黏土包裹花茎。

22 另取一块黏土擀成片状，取另一根 26 号铁丝放在上面。

23 用圆滚棒擀薄。

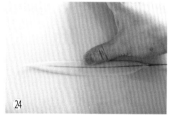

24 做出叶子形状后，用手将边缘压薄。

25 叶子完成后的样子。

26 组合后的完成图。

天竺葵花朵的颜色有橙色、粉色、红色和白色等，花茎长于叶。它气味略甜，可平抚焦虑、沮丧的情绪，振奋精神，缓解压力，最适合在忙碌的工作间隙沉下心来制作一束放在案头了，就如它的花语，幸福就在你身边。

天竺葵

① 取一块黏土搓成小水滴形。

② 用剪刀从较粗一端的中间剪开。

③ 剪成十字形。

④ 重复做数十个晾干备用。

⑤ 另取一块黏土搓成胖水滴形，在较粗的一端从中间剪开。

⑥ 剪出5片花瓣。

⑦ 用圆棒将花瓣擀开。

⑧ 调整花瓣的姿态。

⑨ 重复做十几个花瓣晾干备用。

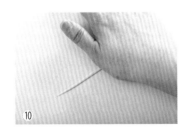

⑩ 另取一块黏土搓成细长条形。

⑪ 细长条形的花茎做好后的样子。

⑫ 多做几条花茎排列在花器上。

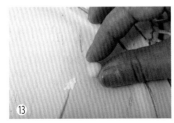

⑬ 取一小块黏土搓一个小圆球。

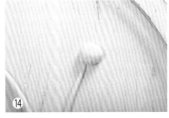

⑭ 将小圆球固定于花茎顶端。

⑮ 将步骤⑨中做好的花朵分别蘸胶固定在圆球上。

16

花朵粘好后的样子。

17

再将步骤④中做好的花苞固定在花朵下方。

18

将步骤④中的花苞在花茎顶端组合起来。

19

组合后的样子。

20

另取一块黏土擀成薄片状，用叶模压出纹路。

21

用剪刀剪出叶子的缺角。

22

再用圆棒擀压边缘。

23

做好的叶子蘸胶后，固定在做好的花茎上。多做几片叶子。

24

用绿色油彩给叶子上色。

25

完成图。

虞美人

虞美人的花茎较小，花瓣单薄，花朵兼具素雅与华丽之美，很有古典美人的风韵，适合作为切花观赏。

① 取一块黏土搓成细水滴形。

② 将其压平。

③ 用极细棒压出纹路。

④ 再将边缘卷出自然的弧度。

⑤ 用手压出褶皱，做出花瓣。

⑥ 做好数个花瓣晾干备用。

⑦ 另取一块黏土搓出胖水滴形，从较细一端用剪刀从中间剪开。

⑧ 剪出开口后的样子。

⑨ 取 22 号铁丝，窝一个钩后从另一端插入。

⑩ 用 7 本针在表面挑出毛刺效果。

⑪ 将步骤⑥中做好的花瓣从上方套上，做出花苞。

⑫ 花苞完成后的样子。

⑬ 另取一块黏土擀成片状后，取一根 22 号铁丝放在上面。

⑭ 另一半折过来，将铁丝盖住，用白棒在上面划出花瓣的形状。

⑮ 将其边缘压薄。

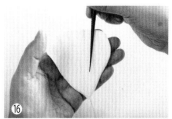

用极细棒在上面压出纹路。

同样用极细棒将边缘滚出波浪边。

同样的花瓣做出数片，晾干备用。

另取一块黏土搓出圆柱形，用手指塑出形状，中间略细。

用弯刀在顶端刻出线条。

用镊子将线条夹成立体状。

再用剪刀剪出效果，做出花芯。

取一根 18 号铁丝，顶部窝一个钩，蘸胶后从花芯下方插入。

取少许花蕊蘸胶固定。

将带胶的花蕊绕花芯一圈。

花蕊粘好后的样子。

将步骤⑱中做好的花瓣固定在花蕊四周。

用纸胶带缠绕，固定花茎。

取黏土包裹住花茎。

花茎完成后的样子。

31

用深浅不一的黄色油彩给花朵
上色。

32

另取一块黏土擀成片状，取一
根 24 号铁丝放在上面，上侧
折下盖住。

33

以铁丝为中心，用白棒在上面
划出叶子的形状。

34

在叶子上用白棒压出叶纹。

35

叶子完成后的样子。

36

将做好的部分组合起来。完成图。

木兰花早春先花后叶，花盛开时，外面紫红色，内面近白色，花朵较大。花语为高尚的灵魂，很适合送给老师。

取一块黏土搓成圆球形，另取一根 18 号铁丝窝一个钩后蘸胶。

将蘸胶的铁丝插入圆球中。

用剪刀在圆球表面剪出锯齿形。

剪成图上的形状。

多做几颗，用咖啡色油彩上色。

将花蕊蘸胶固定上。

另取一块黏土擀成片状，取一根 22 号铁丝放在上面，另一半折下来盖住。

用切模做出花瓣的形状，边缘压薄。

用叶模在花瓣上压出纹路。

同样的花瓣多做几个，半干备用。

围着花蕊组合上花瓣。

用纸胶带将花瓣下的铁丝缠好固定。

用红色油彩给花朵上色。

作品完成后的样子。

葡萄风信子是来自欧洲的植物。花茎从叶丛中抽出，圆筒形，上面密密地长着许多成串的小花，有青紫色、淡蓝色、白色等。色彩鲜艳的花朵在鲜嫩的绿叶映衬下，更显得恬静优雅。很适合放在室内美化居室。

取浅色黏土搓成多颗小圆球。

另取一块黏土搓成小水滴形。

用圆棒在较细的一端挖出杯形。

用圆棒加深。

用圆棒将其边缘向内压。

压出四五个凹进去的线条。

取一根 24 号短铁丝，顶端窝一个钩后蘸胶，插入，做出花朵。

重复做多个花朵晾干备用。

颜色深浅不一的花朵做多个。

取一根 24 号铁丝，在前端表面包裹一截黏土，用 7 本针做效果。

在下方包裹一截黏土，做成茎。

上面涂上专用胶。

将步骤①中做好的小圆球粘在上面。

将步骤⑧、⑨中做好的花朵组合在茎上。

依序组合多个。

16

用油彩分别给花朵上色。

17

上色完成后的样子。

18

参照 p.33 石斛兰的制作步骤
㊱～㊶，做出细长形的叶子。

19

做出多片细长叶子，并组合起
来。

20

再组合上步骤 ⑰ 中完成的部分即可。

丁香

"丁香体柔弱，乱结枝犹垫。细叶带浮毛，疏花披素艳。深栽小斋后，庶近幽人占。晚堕兰麝中，休怀粉身念。"诗圣杜甫寥寥几句，便勾勒出了丁香清素淡雅的形象，将它独特的香味、繁茂的花朵、淡雅的颜色、秀丽的姿态和与众不同的特质描写得栩栩如生。

取一块黏土搓成细长形。

使用剪刀在较粗一端从中间剪开。

剪成4等份。

用圆棒擀开。

取一根26号铁丝从较细一端插入固定。

用剪刀剪掉尾部多余的黏土。

再用弯刀刻出线条。

花朵完成后的样子。

用油彩笔从尾部往前上色。

花朵完成上色后的样子。

用纸胶带将多枝花朵组合起来。

完成图。

福寿草花

金黄色的福寿草花常被看作是富贵的象征，福寿草也因此被人称为福人草、长寿菊等，代表着吉祥、喜庆。

① 取一块黏土搓成小圆球形，插入铁丝固定。

② 粘贴上少许花蕊。

③ 用油彩笔为花蕊上色，做出效果。

④ 取一块黏土搓成水滴形。

⑤ 用剪刀将较粗的一端8等分。

⑥ 用圆棒将其擀开，做成8片花瓣的样子。

⑦ 将花瓣卷曲成含苞欲放的样子。

⑧ 从后端插入一根26号铁丝。

⑨ 调整好花苞的形状。

⑩ 用剪刀修剪花苞的尾部。

⑪ 另取一块黏土搓成水滴形，将较粗的一端用剪刀从中间剪开。

⑫ 剪成10瓣。

⑬ 用圆棒将其擀开，做成花托的样子。

⑭ 将步骤⑨中做好的花苞插入花托中。

⑮ 稍稍调整花形。

再用圆棒在花托上压痕。

多做几枝含苞待放的花苞待用。

另取一块黏土擀成片状，取一根 26 号铁丝放在上面，另一侧折下来盖住。

用圆滚棒擀薄后，用白棒做出叶子的形状。

再用叶模压出叶子的纹路。

用剪刀将叶子剪成锯齿边。

剪好后再用圆棒在叶子上压出线条。

同样的叶子做出 3 片。

将做好的 3 片叶子包裹在步骤⑰中做好的花苞下。

花苞完成后的样子。

另取一块黏土搓成水滴形，在较粗的一端用剪刀剪开。

均匀剪成 9 瓣。

用圆棒将花瓣擀开。

在步骤③中做好的花蕊外面刷胶，插入花朵中。

花朵完成后的样子。

31

重复步骤㉖，这次剪出 12 瓣。

32

然后套在步骤㉚中完成的花朵的下方，做成第 2 层花瓣。

33

重复步骤⑱～㉓，再做出 3 片叶子，裹在步骤㉜中做好的花朵下。

34

用油彩笔给花朵上色。

35

然后给叶子上色。

36

将花朵与花苞组合起来。完成图。

白头翁花

"喜穿绒袄沐春风，羞展娇颜姿不同。为解人间多疾苦，满头白发做郎中。"这是一首吟诵白头翁花的诗，不仅写出了白头翁花四五月份的花期，还点出了它入药的功效。白头翁花是植物白头翁的花，茎粗。

① 取一块黏土搓成小圆球，用铁丝插入固定。

② 用 7 本针在圆球表面挑出效果后，做成花芯。

③ 另做一束黑色花蕊备用。

④ 将黑色花蕊固定在步骤②中做出的花芯周围。

⑤ 另取一块黏土擀薄。

⑥ 用白棒在上面划出多片花瓣的形状，取下。

⑦ 将花瓣的边缘压薄。

⑧ 用丸棒将花瓣做出自然的弧度。

⑨ 用手指调整花瓣的形状。

⑩ 花瓣完成的样子。

⑪ 在步骤④中做好的花蕊外面刷胶。

⑫ 将步骤⑩中做好的花瓣粘在花蕊外面。

⑬ 花朵组合完成。

⑭ 用油彩笔为花朵上色。

⑮ 完成图。

茶花

茶花品种繁多，花色艳丽缤纷，叶子浓绿、有光泽。它的花期较长，不仅是中国传统的观赏花卉，还位居世界名花之列，更为香奈儿女士所推崇，恣意绽放的茶花已成为香奈儿作品中最具标志性的花朵。试着给自己做一朵独特的茶花吧！

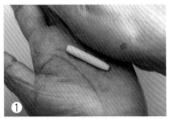

① 取一块黏土搓成细长形。

② 用手将其中一边压薄。

③ 用剪刀剪出细条状。

④ 剪开的一端朝上，卷起。

⑤ 用圆棒调整出弧度。

⑥ 再用剪刀剪掉多余的黏土，做出花芯。

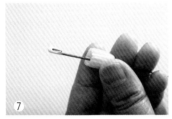

⑦ 取一根 22 号铁丝，一端窝一个钩，蘸胶后插入步骤⑥中做好的花芯中。

⑧ 用铁丝固定花芯。

⑨ 另取一块黏土搓成水滴形。

⑩ 再用拇指推开，做成花瓣的样子。

⑪ 做 5 片花瓣备用。

⑫ 在花瓣尖端刷胶。

⑬ 将步骤⑧中做好的花芯固定在花瓣上。

⑭ 组合上多片花瓣。

⑮ 用油彩笔给花朵上色。

16 做出明暗面。

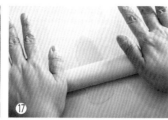

17 另取一块绿土擀薄。

18 取一根 24 号铁丝包裹于黏土中，再用切模做出叶子形状。

19 用叶模压出纹路。

20 用白棒画出叶边效果。

21 用圆棒滚边做出波浪形。

22 用油彩笔给叶子上色。

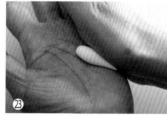

23 另取一块黏土搓成细长水滴形。

24 在较粗的一端用剪刀剪成 5 等份。

25 用圆棒擀开做成花朵。

26 调整花朵的形状。

27 顺时针方向将花瓣卷起，做出花苞。

28 完成花苞。

29 用弯刀在表面刻出线条。

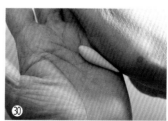

30 另取一块黏土搓成细长水滴形。

㉛ 在较粗一端用剪刀剪成 5 等份。

㉜ 用圆棒擀开做成花托。

㉝ 将步骤㉙中做好的花苞套入花托。

㉞ 组合上叶子、花苞和花朵后的完成图。

栀子

栀子叶形多样，通常为长圆形，顶端稍尖；果实呈长圆形，稍有棱角，多为黄色或橙红色。栀子果实是传统的中药，最常用的该是泡栀子水吧，清热、凉血。

① 取一块黏土搓成细水滴形。

② 用剪刀在较细的一端从中间剪开。

③ 用剪刀剪成 5 等份。

④ 用圆棒将剪好的部分擀开。

⑤ 取一根 24 号铁丝，一端窝钩，蘸胶后从上方插入。

⑥ 用镊子在下端夹出轮廓。

⑦ 调整线条，加强效果。

⑧ 用油彩笔给果实上色。

⑨ 用油彩笔给边缘上色。

⑩ 在作为花茎的铁丝上抹胶。

⑪ 然后包裹上少许黏土。

⑫ 做多颗栀子果实，并完成花茎包裹。

⑬ 另取一块黏土擀平，取一根 24 号铁丝放在上面，另一侧折下来盖住后擀平。

⑭ 用白棒在上面划出叶子的形状，做出叶子。

⑮ 用叶模压出叶子纹路。

用油彩笔为叶子上色。

将上过色的叶子与步骤⑫中做好的栀子果实组合起来。

完成后的样子。

夏雪草的花色为纯白，花片似心形，中有黄色的雄蕊；叶片翠绿，呈长椭圆形。它的花语是纯真、思念与回忆。

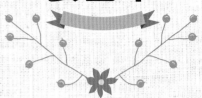

夏雪草

① 取一根 24 号铁丝，在顶端蘸胶后粘上少许花蕊。

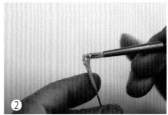

② 用油彩笔给花蕊上色。

③ 另取一块黏土搓成水滴形，用剪刀从较粗一端剪开，剪 5 片花瓣。

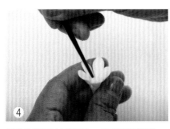

④ 用圆棒将其擀开，做出花瓣的样子。

⑤ 将步骤②中做好的花蕊插入花朵中。

⑥ 在每片花瓣的上方剪一个小缺口。

⑦ 再用圆棒将剪开的部分擀开。

⑧ 在花朵的中心，用油彩笔刷出浅绿色即完成。

宫灯花

宫灯花又叫宫灯百合，它开花时正逢元旦、春节，花朵形似古代的宫灯，极具趣味，十分适合居室摆放，可增添喜庆气氛。宫灯花的叶片细长，非常适合做成室内插花。

① 取一块黏土搓出小水滴形，在较细的一端插入 26 号铁丝固定。

② 顶端再加上一小截花蕊。

③ 用油彩笔给花蕊上色。

④ 花蕊完成后的样子。多做几根备用。

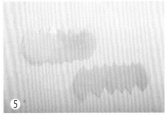

⑤ 花瓣的模型如图所示，照此用白棒在黏土上划出花瓣的形状。

⑥ 另取一块黏土擀成片状。

⑦ 按步骤⑤中的模型划出花瓣的形状。

⑧ 用手指将花瓣边缘压薄。

⑨ 用丸棒将其压出自然的弧度。

⑩ 两端蘸胶后粘起来，做成筒状。

⑪ 将步骤④中做好的花蕊套上。

⑫ 将连接处捏紧。

⑬ 花朵从正面看的样子。

⑭ 用油彩笔给花朵上色。

⑮ 用油彩笔为细节处补色，使颜色更自然。

16 另取一块黏土擀成片状，取一根 26 号铁丝放在上面，另一侧折下来后压平。再用白棒划出叶子的形状。

17 用手指将边缘压薄。

18 再用白棒在上面划出叶子的纹路。

19 用手指调整叶子的形状。

20 用油彩笔给叶子上色。

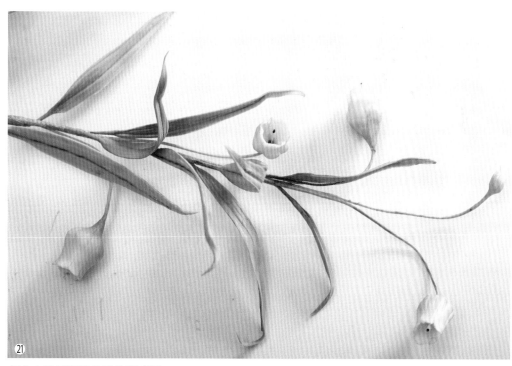

21 组合上叶子和花朵后的完成图。

虎头兰

虎头兰的学名是大花蕙兰，是人工杂交培育的品种。其花朵硕大、色泽艳丽，叶片细长且薄，全年皆可观赏。尤其在冬季，它是很适合室内观赏的植物。

① 取一块黏土搓成细水滴形。

② 用圆棒从较粗一端向下压出弧度。

③ 取一根 26 号铁丝窝一个钩后，从较细一端插入，做出花芯的样子。

④ 另取一块黏土擀成片状，取一根 26 号铁丝放在上面。

⑤ 将另一侧折下来盖住铁丝，压平。

⑥ 以铁丝为中心，用切模压出花瓣的形状。

⑦ 用手指将花瓣边缘压薄。

⑧ 用白棒在上面划出线条。

⑨ 用手指调整花瓣的形状。多做几片备用。

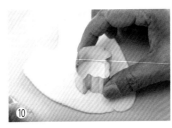

⑩ 另取一块黏土擀平，在上面用切模压出花舌的形状。

⑪ 将边缘用手指压薄。

⑫ 用极细棒在表面压出纹路。

⑬ 再用极细棒将边缘滚出波浪形。

⑭ 在步骤③中做好的花芯表面刷胶。

⑮ 用花舌裹住花芯。

⑯ 再将步骤⑨中做好的花瓣组合上去。

⑰ 按照步骤④~⑨，做出几片外层花瓣备用。

⑱ 用白棒在表面划出线条。

⑲ 再用纸胶带将外层花瓣组合上。

⑳ 用油彩笔给花舌上色。

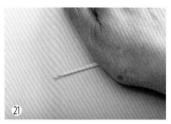

㉑ 取一根26号铁丝用黏土包裹起来，作为花茎。

㉒ 另取一块黏土搓成胖水滴形。

㉓ 用手指在表面压出线条。

㉔ 再用弯刀在中间刻出纹路，做出花苞的样子。

㉕ 将步骤㉑中做好的花茎插入花苞中。

㉖ 完成后的样子。

㉗ 用油彩笔给花苞上色。

㉘ 按照p.33石斛兰中的步骤㊲~㊶做出细长形的叶子。

㉙ 所有部分组合后的样子。

金钱橘

金钱橘树形美观，枝叶繁茂，果实全黄，是很好的观赏花木，也是春节时很受欢迎的盆花。果实常为橘红色、橙红色等。

① 取一块黏土搓成圆球形。

② 用保丽龙片在其表面搓出纹路。

③ 取一根 24 号铁丝，一端窝一个钩后蘸胶，插入圆球中。

④ 用圆棒在圆球表面做出金钱橘的样子。

⑤ 用油彩笔给表面上色。

⑥ 另取一块黏土搓成小圆球形。

⑦ 取一根 26 号铁丝插入小圆球中。

⑧ 固定于金钱橘中。多做几颗备用。

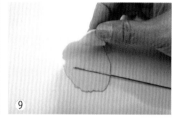

⑨ 另取一块黏土擀成片状，取一根 26 号铁丝放在上面，另一侧折下来盖住后压平。

⑩ 用白棒以铁丝为中心，在上面刻出叶子的形状。

⑪ 用手指将叶子的边缘压薄。

⑫ 取玫瑰叶模在表面压出纹路。

⑬ 用圆棒将叶片擀出自然的波浪形。

⑭ 用油彩笔给叶子上色。多做几片叶子备用。

⑮ 用纸胶带组合金钱橘的果实和叶子即可。

完成图。

河骨

河骨又叫台湾萍蓬草，是中国台湾特有的植物，一年四季都开花。花朵有圆形的花梗，花瓣为黄色，有红色的花蕊。叶子近圆形，基部有一个 V 形的缺口。

① 取一块黏土，用手指揉成图中的形状，做成花芯的样子。

② 用弯刀在顶部刻出纹路。

③ 再用剪刀剪出锯齿，做出花蕊的样子。

④ 取一根铁丝（22号或20号），在顶端窝一个钩后从下端插入花芯中。

⑤ 另取一块黏土，搓成长条形后压扁，用手压薄。

⑥ 用剪刀从一侧剪出细长条形。

⑦ 用圆棒压一下。

⑧ 表面刷胶后包裹在步骤④中做好的花芯外面。

⑨ 用手指调整形状。

⑩ 再用剪刀剪掉多余的黏土。

⑪ 按照步骤⑤～⑨，做出第2层花芯。

⑫ 另取一块黏土擀平，用白棒在上面划出花瓣的形状。

⑬ 取出后，用手指将花瓣边缘压薄。

⑭ 用丸棒将花瓣压出自然的弧度。

⑮ 再用手指调整形状。

⑯ 重复操作，做出 5 片花瓣备用。

⑰ 在步骤⑪中做好的花芯表面刷胶。

⑱ 将花瓣一片片固定在花芯上。

⑲ 用油彩笔给花朵上色。

⑳ 取一块黏土包裹在下面的铁丝上，做出花茎。

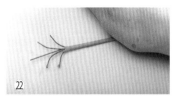

㉑ 取 3 根铁丝，顶端做出枝丫状，再用纸胶带固定。

㉒ 下方再加入 2 根铁丝，用纸胶带固定。

㉓ 取浅绿色黏土包裹铁丝，做成花茎。

㉔ 在铁丝做成的枝丫上刷胶。

㉕ 另取一块黏土擀成片状，将枝丫放在上面。

㉖ 将另一侧折下来盖住铁丝。

㉗ 用圆滚棒擀薄。

㉘ 用白棒以枝丫为中心划出叶子的形状。

㉙ 用手指将叶子边缘压薄。

㉚ 再用白棒划出纹路（叶脉）。

㉛ 用圆棒擀边，使叶子呈现自然的卷曲状。

㉜ 用油彩笔给叶子上色。

㉝ 将叶子和花朵组合起来。完成图。

牡丹

"唯有牡丹真国色，花开时节动京城。"暮春时节，牡丹盛开时，花朵硕大，清香四溢，无愧"花王"称号。牡丹品种较多，花瓣、叶子多样，制作时需细心观察。

① 取一块黏土搓出3颗小水滴形。

② 取3颗小水滴形蘸胶后组合成花芯的形状。

③ 在花芯外围粘上一圈上好色的花芯。

④ 取一块黏土搓成水滴形后擀平，做成花瓣的形状。

⑤ 用郁金香叶模压出花瓣的纹路。

⑥ 用极细棒将花瓣边缘擀成自然的卷曲状，做出花瓣。

⑦ 将步骤③中做好的花芯粘在花瓣上。

⑧ 按照步骤④～⑦制作多片花瓣并组合成花朵。

⑨ 用油彩笔给花朵上色。

⑩ 另取一块黏土，搓成长水滴形后压扁。

⑪ 用剪刀剪出叶子的形状。

⑫ 再用圆棒压出自然卷曲的效果。

⑬ 将叶子粘在花朵外围。

⑭ 完成图。

红果，学名山楂，又名山里红，含有丰富的维生素。小枝紫褐色，老枝灰褐色。它的果实较小，似球形，表面呈棕红色，顶端凹陷，做出来扎成一束摆放在家里也很喜庆。

红果

① 取一小块黏土搓成小圆球状。

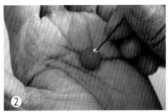

② 取一根 26 号铁丝，顶端窝一个钩后蘸胶，插入圆球中固定。

③ 用白棒在圆球顶部挑出效果，做成一颗果实。

④ 做出多颗果实备用。

⑤ 将纸胶带尾部对折。

⑥ 再次对折。

⑦ 用折好的纸胶带包裹上一根 20 号铁丝。

⑧ 用纸胶带上下包覆铁丝。

⑨ 将纸胶带缠绕在铁丝上。多做几根备用。

⑩ 将 2 根缠好纸胶带的铁丝组合在一起。

⑪ 用同样的方法，把步骤④中做好的果实五六颗一组，用纸胶带组合在一起，缠绕固定，做出一个小枝。

⑫ 将步骤⑩和⑪中做好的小枝用纸胶带缠绕在一起，组合好。

⑬ 自由组合，多做几枝备用。

⑭ 将步骤⑬中做好的小枝组合起来，缠绕成一大枝。

⑮ 完成图。

棉花

棉花通常叶柄稍短，花朵为白色或浅黄色，后变浅红色。棉桃成熟时会裂开，露出柔软的棉纤维。棉纤维多为白色。棉花以前多作为农作物种植，现在也作为插花的花材使用，也可做切花。

① 取一块黏土擀成片状。

② 取一根 26 号铁丝放在黏土上。

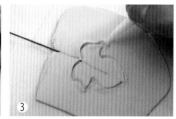

③ 将另一侧黏土折过来，压平。用白棒以铁丝为中心在上面划出叶子的形状。

④ 用葡萄叶模压出纹路。

⑤ 用圆棒擀边，做出自然的波浪状。

⑥ 用油彩笔给叶子上色。多做几片叶子备用。

⑦ 将 3 片叶子组合起来，用纸胶带缠绕固定。

⑧ 在组合好的 3 片叶子中间放入准备好的棉花。

⑨ 另取一块黏土搓成水滴形。

⑩ 在较粗的一端用剪刀剪成 5 瓣。

⑪ 用圆棒擀开做成花朵的形状。

⑫ 再将花瓣合起来做成花苞。

⑬ 取一根 24 号铁丝从下方插入花苞中。

⑭ 将步骤⑥中做好的叶子包在花苞外面。可用同样方法做出几朵红色的花苞。

⑮ 将做好的部分组合起来。完成图。

香蕉树多生长在热带、亚热带地区，叶片长圆形，亮绿色。香蕉呈长形，微弯，成串的香蕉很适合做造型。做这么一盆香蕉树摆在家里也别致有趣。

①

取一块黏土搓成小水滴形。

②

用手指将其中一边压薄，做成香蕉的形状。

③

搓好数根香蕉，晾干备用。

④

取一根 26 号铁丝，一端蘸胶，粘上少许黏土。

⑤

做出香蕉蒂。

⑥

将步骤③中做好的香蕉蘸胶后，固定在香蕉蒂上。

⑦

将香蕉组合成双排。多做几串备用。

⑧

做好的香蕉串正面的样子。

⑨

香蕉串反面的样子。

⑩

在香蕉的顶端用黑色笔涂色。

⑪

取一根 24 号铁丝，包裹上白色黏土，搓成细长条做茎。

⑫

另取一块黏土擀成片状，将茎放在上面。

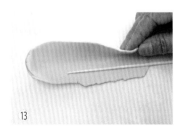

⑬

将另一侧折下来，盖住铁丝后擀平。

⑭

做出叶子的形状。

⑮

用手将边缘压薄。

16 用香蕉叶模压出叶子的纹路。

17 再用剪刀在叶子边缘剪口，做出叶子的效果。

18 用圆棒擀边，做出自然的波浪形。

19 叶子做数片晾干备用。

20 用纸胶带组合叶子。

21 另取一块黏土做出水滴形，取一根22号铁丝从较粗的一端插入，做出花芯。

22 再取一块黏土做出水滴形，用圆棒将其擀薄。

23 压平。

24 然后和步骤㉑中的花芯组合起来。

25 另取一块黏土包裹花茎，可略粗些。

26 将步骤⑩中做好的成串的香蕉尾部的铁丝蘸胶后插入花茎中。

27 插到底才能固定好。

28 用同样的方法加入做好的成串的香蕉。

29 一枝上固定三四串香蕉。

30 另取一块黏土搓成细长形。

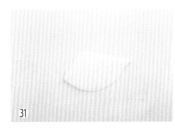

31

擀成片状。

32

涂上黏土专用胶。

33

包覆成树茎。

34

将做好的部分组合在一起。完成图。

《方佩玲居家黏土花艺》介绍了用黏土完成的三十余种花材的详细制作、组合和搭配过程。和以前出版的多本图书相比，本书增加了花材的种类和制作难度，在组合和搭配方面更加丰富、立体。除了仙客来、蟹爪兰、荷包花、石斛兰、圣诞玫瑰、丽格海棠、小苍兰、虞美人、木兰花、丁香、茶花等二十余种花材外，还添加了现在受欢迎的、能与主花材相映成趣的辅助花材，如常春藤、满天星、珍珠吊兰、幸运草等。每个作品都配有详细的步骤图实拍照片，让每个用心的朋友都能掌握制作要点，做出自己独一无二的插花作品。

投稿、合作、交流：
请发至小编邮箱：47284308@qq.com

台湾黏土第一人方佩玲老师再推新书，公开25种主花材和8种辅助花材的制作、组合和搭配，分享黏土花艺点亮琐碎家居生活的秘密。

策划编辑　张　培
责任编辑　张　培
责任校对　马晓灿
整体设计　张　伟　杨红科
责任印制　张艳芳

分类建议：生活/手工

ISBN 978-7-5349-8676-5

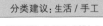

9 787534 986765 >

定价：49.00 元

中里华奈的
迷人花草果实钩编

Lunarheavenly

〔日〕中里华奈 著

蒋幼幼 译

将蕾丝钩织的迷你花草和果实

轻巧地扎成美丽的花束

中原出版传媒集团
中原传媒股份公司

河南科学技术出版社